OBSERVATIONS

SUR

L'AGRICULTURE.

QUATRIÉME PARTIE.

OBSERVATIONS

SUR DIVERS MOYENS

de ſoutenir & d'encourager l'AGRICULTURE.

SEIZIEME LETTRE.

IDÉE DOMINANTE.

Pour que l'agriculture fît tous les progrès qu'elle peut faire, il faudroit, monſieur, que l'idée qu'on a de les encourager devînt l'*idée dominante*. Sans cela, toutes·les obſervations feront inutiles,

Partie IV.　　　　　A

& les miennes encore plus que les autres. Cependant j'efpère que vous vous re- buterez plutôt de m'en de- mander de nouvelles que je ne me laíferai de vous en donner, tant que vous con- tinuerez de confentir que je vous les donne dans le même ordre qu'elles fe font pré- fentées à moi, à mefure que j'acquérois plus d'expérien- ce. C'eft le feul que j'y puiffe mettre, comme vous fçavez.

J'ai eu affez fouvent oc- cafion de remarquer que les hommes ont toujours une idée dominante.

L'œil peut appercevoir, dans le même inftant, une

multitude d'objets ; mais il y a toujours un objet principal qui fait le point de vue du tableau : tous les autres objets qu'offre ce tableau vont en diminuant de grandeur, d'ombre & de lumière, jusqu'à ce qu'ils se perdent insensiblement dans le lointain.

Portez successivement votre vue sur une suite d'objets, dans une vaste campagne ; vous aurez une suite de tableaux, où règnera la même unité.

Elle règne également dans tous les tableaux que votre imagination vous présente.

Les arts d'imitation ont

été perfectionnés sur ce principe. On a trouvé qu'un poë-
me ne devoit former qu'un
tout, où l'intérêt principal
affoiblît tous les autres in-
térêts.

Ce principe auroit dû servir aussi à perfectionner l'é-
ducation.

Quiconque est chargé d'é-
lever des enfans, trouvant
en eux une table rase, comme disent les philosophes, y
peint ses idées dans l'ordre
qu'il les apperçoit. Le préjugé dominant du maître sera le préjugé dominant des
disciples.

L'idée qui domine sur toutes les autres, dans l'éduca-

tion , peut avoir pour objet
une chimère , une puérilité ,
contraire au bonheur des enfans , au bien de la fociété &
de l'Etat.

On rit de voir les Mofco-
vites , après s'être foumis fans
réfiftance à toutes les nouvelles loix du légiflateur le
plus abfolu qui fut jamais , fe
foulever contre un Edit qui
les oblige de fe faire rafer la
barbe. On devroit plutôt dé-
plorer la barbarie de leur éducation ; & fe demander fi l'é-
ducation de tous les peuples
de la terre , fans en excepter
la nôtre , ne participeroit pas
plus ou moins de la barbarie.
L'Europe commença d'en

ſortir par l'étude des langues ſçavantes ; moyen unique alors, & ſi excellent qu'il devint preſque la fin.

On eut bientôt pour ob-jet principal, dans l'éduca-tion des enfáns, une belle la-tinité. Ce fut l'idée dominan-te de tous les collèges. Un ſollécifme étoit la faute la plus honteuſe qu'un jeune homme bien élevé pût com-mettre.

Je fais un cas infini des langues ſçavantes; mais com-bien de jeunes gens à qui el-les ſont inutiles, & qui n'ont aucune aptitude pour les ap-prendre ?

D'ailleurs, toutes les lan -

gues de l'Europe ne sont-el-
les pas devenues aujourd'hui
des langues sçavantes ?

Le peuple se conduit plus
conséquemment. Le fils d'un
paysan n'apprend pas le latin
pour être charpentier. C'est
comme s'il apprenoit le métier de charpentier pour être
tailleur.

Que les personnes qui se
destinent à la profession des
lettres, pour leur amusement,
pour leur instruction, ou pour
les enseigner , se vouent de
bonne heure à cette étude, il
n'est rien de plus convena-
ble ; mais un homme qui doit
exercer des emplois publics,
de quelque nature qu'ils

soient, dès qu'ils intéreffent la société, n'a-t-il pas toujours trop peu de tems à donner aux études abfolument néceffaires à fa profeffion ?

Ne faudroit-il pas qu'il y eût une école pour chaque profeffion utile, comme il y a un apprentiffage pour chaque métier ? que l'idée dominante d'une école n'eût d'autre objet que la perfection de ce qu'on y enfeigne ? La vie eft-elle jamais affez longue pour atteindre à cette perfection ?

Mais, afin de me renfermer dans mon fujet, je me contenterai de dire qu'on devroit du moins enfeigner publiquement toutes les parties de la fcience du bien public ; car ce n'eft rien de le defirer fans le connoître : l'agriculture , l'œconomie politique & privée , la police générale & municipale , les principes du commerce extérieur & intérieur , des fabriques , de la recherche & exploitation des mines , &c.

On accoutumeroit les hommes , dès leur enfance , à ne pas fe conduire au hafard & par des vues bornées dans tout ce qu'ils entreprennent ; à chercher leur avantage particulier dans l'avantage commun de leur patrie ; à fçavoir qu'ils ont une patrie , & à l'aimer, A v

On accoutumeroit également une nation à chercher fon avantage particulier dans l'avantage commun des nations qui lui font étroitement unies par les liens du commerce ; à connoître, chérir & refpecter ces liens que la nature a formés elle-même, & qu'on ne peut rompre fans violer fes loix facrées.

Cette idée du bien univerfel, fi noble, fi belle, fi lumineufe par elle-même, recevant encore plus de force & d'autorité par l'éducation, deviendroit à la fin l'idée dominante de tous les peuples qui ne voudroient pas être mis au rang des peuples barbares.

C'eft alors qu'on verroit la Juftice & la Paix s'embraf-fer fur la Terre, & la Terre leur prodiguer à tous avec joie, au prix d'un travail facile, toutes les richeffes qu'elle renferme dans fon fein.

On regarderoit avec moins de mépris, le peuple le plus fauvage, que celui qui n'éta-bliroit fa grandeur, fa prof-périté, fa gloire, que fur la ruine & l'humiliation de fes voifins ; & tout fe réuniroit contre lui.

Comment l'étude de ces connoiffances, feules dignes d'être appellées *Humanités*, a-t-elle été fi longtems né-

gligée parmi les peuples po-
licés qui ont le plus cultivé
toutes les autres, furtout celles qui regardent le commerce ?

Comment ne voit-on pas
que cette négligence ne peut
manquer d'entretenir les no-
tions barbares qu'on a encore du commerce ?

Si le commerce ne nous
enrichit que de dépouilles,
en quoi différons-nous des
Arabes & des Algériens?

Le commerce doit enri-
chir tous les pays ; c'eſt ſon
effet naturel, comme l'effet
naturel de la lumière eſt de
les éclairer.

Cependant on tâche partout de limiter ſes bienfaits : on s'en prive de peur de les partager.

Je n'en citerai qu'un exemple. De tous les pays du monde, ceux qui devroient avoir le plus de commerce enſemble, & qui en ont le moins, c'eſt la France & l'Angleterre.

Quelle prodigieuſe quantité de matières d'échange, toutes reſpectivement utiles, commodes, agréables, néceſſaires même ?

Quel commerce leur pourroit être plus avantageux réciproquement?

Le commerce répand-il plus de richeſſes dans un pays

que dans un autre ? Que ce
ſoit la récompenſe du travail,
du courage, des talens, de la
fidélité, de l'œconomie, enfin de ce qui mérite le mieux
d'être récompenſé ; & qu'à
ces moyens honnêtes on ne
ſubſtitue plus frauduleuſe-
mént des moyens forcés,
ignominieux & illégitimes.

Le commerce eſt eſſentiellement libre ; eſſentiellement
fondé ſur le droit de la nature & des gens, ſur le plus
grand avantage mutuel des
nations, & non pas ſur un
vil intérêt prétendu national,
qui n'eſt jamais que celui de
quelques particuliers.

C'eſt ce que je voudrois

pouvoir leur faire obferver à
toutes ; mais c'eſt une entre-
priſe au-deſſus de mes forces.
Je n'ajouterai que peu de réflexions à ce que j'en ai déja
dit. Vous les verrez , monſieur , dans ma première let-
tre.

DIX-SEPTIÈME LETTRE.

Continuation.

SELON le cours des chofes, ou plutôt felon le torrent qui les entraîne , il faut, monfieur , que , dans toutes les capitales, quelques citoyens foient à la fin les maîtres de l'argent & , par conféquent , des autres citoyens.

Il faut que l'intérêt de ce petit nombre , toujours pris pour l'intérêt national, pour l'intérêt de l'Etat, foit le mobile des entreprifes , des trai-

tés de paix & de commerce,
ou rende les guerres éternel-
les.

Il faut que l'idée dominante de ce petit nombre devien-
ne tôt ou tard celle des villes.

Voilà, monfieur, la four-
ce intariffable de leurs préjugés. Je vous en ai beaucoup
parlé; mais, les trouvant en
foule fur mon chemin à chaque pas que je fais, je fuis
obligé de les heurter fans
ceffe.

Ces préjugés, toujours fu-
neftes à l'agriculture, n'arrêtent pas feulement fes progrès, en retardant ceux de
nos connoiffances les plus

utiles & les plus négligées,
comme vous venez de le
voir ; ils peuvent caufer
fa perte totale , par leur
influence dans l'affiette &
dans la perception des tri-
buts.

Il n'eft pas de grands propriétaires , à préfent qu'ils
réfident tous dans les villes,
qui ne fupportent plus diffi-
cilement de légères taxes fur
le luxe qui les environne ,
que des taxes immodérées
qui abforbent les revenus de
leurs terres qu'ils ne voient
jamais.

Eft-il furprenant qu'ils
ignorent que l'impôt, lorf-
qu'il ne porte pas directe-

ment & uniquement fur cette
efpèce de luxe, ne peut re-
tomber que fur elles?

Que n'oblige - t - on ces
grands propriétaires & tous
ceux qui veulent les imiter,
à réfider chez eux, ou du
moins à payer dans les cam-
pagnes qu'ils abandonnent,
une capitation bien forte, au
foulagement des habitants
que la misère n'en a pas encore chaffés?

En général, toute perfon-
ne qui tire beaucoup d'argent d'un pays doit être
tenue d'y en rapporter beaucoup; & il eft contre l'ordre
que l'argent d'un pays fer-
ve à payer les impofitions

d'un autre : ce n'eſt pas le moyen d'en faciliter le recouvrement.

J'aurois encore bien des choſes à vous dire, monſieur, ſur cette matière de l'impôt ; mais il vaut mieux que j'en faſſe un mémoire à part, quand je le pourrai. En attendant, voici tous ceux que j'ai le tems de vous envoyer maintenant.

Vous y verrez des détails que vous m'avez demandés. Ils vous prouveront peut-être un peu trop ma docilité, & combien je compte ſur l'intérêt que vous prenez à notre Province.

Je tâcherai de répondre

aux objections qu'on vous fera, particulièrement fur la réparation des chemins de traverfe & l'emploi des pauvres.

De votre côté, monfieur, tâchez de m'épargner cette peine. Il me femble qu'il fuffiroit d'avertir que je ne propofe mes idées qu'à l'effai, comme un bon villageois propofe les fiennes, après le fuccès de quelques épreuves.

Nous pourrions dire à un Homme d'Etat qui daigneroit defcendre jufqu'à nous pour nous confulter, ce que la fervante de Moliere auroit pu dire à fon maître : » Nous

» ſentons ce qui eſt bien ; ne
» nous en demandez pas la
» raiſon : vous la ſçavez
» mieux que nous «.

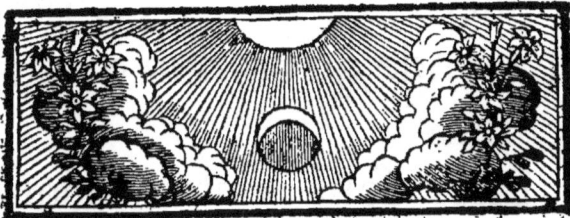

OBSERVATIONS

GÉNÉRALES.

CULTURE.

AVANT de parler des pro-
ductions particulières aux di-
vers cantons de cette province, il paroît néceſſaire de
remarquer en général :

Que toutes les cultures
peuvent être conſidérable-
ment augmentées & perfec-

tionnées, & qu'il n'eſt rien au monde qu'on doive plus deſirer.

Elles ſont toutes infiniment précieuſes ; mais les principales, & qui ne ſçauroient ſe nuire entre elles, ni à aucune autre, ſont celles du bled & du vin.

On peut cultiver, alternativement avec le bled, toutes les plantes annuelles qui donnent du revenu, comme les légumes, le chanvre, le lin, le tabac, &c.

Toutes ſortes d'arbres, qui donnent du revenu, peuvent être cultivés dans les vignes, aux bordures des pièces labourables, le long des foſſés,

foſſés, des ruiſſeaux & des chemins ; tels ſont les mû-riers, pruniers, oliviers, ſau-les, &c.

Les fourages verds du prin-temps peuvent être cultivés dans les guérets. Si les prai-ries artificielles, dans le ter-rein qu'elles occupent, re-tranchent quelque choſe à la culture du bled, elles l'aug-mentent ailleurs par les en-grais qu'elles fourniſſent, & parce qu'étant défrichées au bout d'un certain temps, el-les produiſent, pluſieurs an-nées de ſuite, une très-gran-de quantité de grains.

Les vignes, plantées dans des terreins où il pourroit

Partie IV. B

venir du bled, ne forment
pas un objet aussi considérable qu'on le croit, du moins
dans la Haute Guienne. Elles augmentent même plu-
tôt qu'elles ne diminuent le
produit des terres à bled, parce qu'elles donnent de l'emploi à un plus grand nombre
de consommateurs.

Les productions de la terre, ainsi que celles de l'in-
dustrie, de quelque façon
qu'on les considère, sont
toujours proportionnées à la
consommation qui en pro-
cure la demande & le débit.

Il faut donc commencer
par examiner l'état actuel de
la consommation, relative-

ment au bled & au vin.

Par la consommation, je n'entends pas celle que fait le propriétaire : celle-ci doit naturellement entrer dans les frais de cultivation. Je n'ai en vue que la consommation du produit net de la culture.

Il ne peut y avoir de consommation du net provenu d'une denrée quelconque, que dans les lieux dont les habitans n'en recueillent pas assez, ou ne la tirent pas d'ailleurs, soit à raison du meilleur marché, soit à raison de quelque autre avantage.

Tout ce qui cultive est donc censé ne pas consom-

mer; & tout ce qui ne cultive pas eſt cenſé conſomma-
teur.

Les habitans des villes,
fruges conſumere nati, peuvent être rangés dans cette
dernière claſſe. En un mot,
c'eſt dans les villes & par les
hommes qui ne cultivent pas,
en quelque lieu qu'ils habi-
tent, que ſe fait la conſommation du net provenu des
productions de la terre, tant
au dehors qu'au dedans du
royaume.

C'eſt de-là que dépend
l'exportation. Nous n'en-
voyons plus de bled aux Anglois, depuis qu'ils en ont
augmenté la culture : au con-

traire, ils nous en fourniffent, parce que la nôtre a
diminué à mesure que l'exportation a été interdite &
découragée.

Nous ne leur envoyons
plus de vin, depuis qu'ils
trouvent plus d'avantage à
le tirer d'Espagne, d'Italie
& principalement du Portu-
gal.

Nous ne pouvons plus en-
voyer de vin en Hollande &
dans le Nord, vû que la confommation y est entièrement
tombée, à cause de l'aug-
mentation des droits, & par
d'autres causes que nous ex-
poferons dans un Mémoire
particulier.

B iij

Conſommation du bled dans les villes.

Quelque grande que ſoit la conſommation de Bordeaux, elle ne ſuffit point dans les années abondantes; & la province ne ſçauroit l'entretenir qu'à un prix un peu haut dans les années médiocres.

C'eſt pourquoi Bordeaux tire quantité de bleds de la Bretagne & de l'étranger, qui reviennent à meilleur compte. Il arrive de-là que Bordeaux ſe trouve approviſionné par ſpéculation dans les années où ce débouché ſeroit le plus néceſ-ſaire.

Reste donc alors , pour seule ressource , l'exportation des farines de minot ; mais les bleds qui n'y sont pas propres n'ont point de demande. Le peuple même , attendu le bas prix , est en état d'acheter le meilleur bled ; & il y trouve de l'avantage , parce que ce bled rend plus de pain.

Les autres villes de la Guienne , dans les années abondantes , & même dans les médiocres , ont des bleds à vendre : si vous en exceptez quelques petites villes , comme Clairac , par exemple , qui recueille à peine le quart de ce qu'il lui en faut pour la confommation de fes habitans & des étrangers qui viennent travailler fes vignes ; lefquelles occupent la moitié de fon territoire.

La Guienne, en général, eft affez dépourvue de confommateurs, proprement dits : elle a trop peu de fabriques & d'ouvriers étrangers. Ses artifans domiciliés font prefque tous cultivateurs.

Mais on peut regarder fes vignerons & les propriétaires des vignes comme des confommateurs du bled, parce qu'il y en a très-peu qui ne foient obligés d'en acheter tous les ans.

Consommation du vin dans les villes.

C'est à l'égard de cette importante denrée qu'il n'y a presque point de consommateurs proprement dits, dans les villes mêmes de cette province.

Tout y consomme son vin, jusqu'à l'artisan. Soit par les octrois, soit par une police municipale très-mal conçue, l'artisan, forcé d'acheter le vin trop cher, a trouvé le moyen d'avoir des vignes, ou en propriété ou à ferme, & d'y en recueillir tellement au-delà de sa consommation qu'il en vend &

en charge pour la Hollande.

Conséquences de ce qu'on a expofé ci-deſſus.

Je ne m'arrêterai point à combattre les préjugés des gens qui ne ceſſent de dire qu'il y a trop de vins dans la province, & que c'eſt la ſeule abondance de cette denrée qui en empêche la conſommation.

Il faudroit dire auſſi qu'il y aura bientôt trop de bled; car, ſi la culture en étoit augmentée au point où elle pourroit l'être, toutes les années reſſembleroient à ces années d'abondance où le bled ne peut ſe débiter.

Il faudroit regarder comme peu profitables, ou même comme nuifibles, les fages encouragemens qu'on donne à l'agriculture dans plufieurs provinces du royaume : fur quoi je finirai ce mémoire par quelques réflexions.

Perfectionner la culture, c'eft en augmenter les produits & en diminuer les frais.

De ces deux objets, il feroit à craindre que le cultivateur ne s'attachât qu'au fecond ; fuppofé que les denrées n'euffent point de débit, & qu'à force d'épargner fur les frais on ne vînt à diminuer les productions en quantité & en qualité ; & qu'il n'en fût de la culture comme des fabriques, où, quand la demande baiſſe, on tâche de la relever par le bon marché, en, épar-gnant la matière, le temps & la façon : ce qui rend l'ou-vrage inférieur en qualité & diminue l'emploi des hom-mes.

A voir la manière dont la plupart des auteurs, qui écrivent aujourd'hui ſur l'a-griculture, traitent cette ma-tière dans leur cabinet, on diroit qu'un agriculteur, un fermier, eſt un fleuriſte, un amateur des jardins, qui n'é-pargne aucune dépenſe pour le feul plaifir d'avoir des fleurs & des fruits dont il ne tire aucun profit.

Un amateur peut fe paf-fionner pour l'agriculture en général, comme pour la mu-fique, la peinture, &c. C'eft un goût que les fociétés qu'on établit dans les gran-des villes y rendront plus commun, & il n'en peut ré-fulter que du bien & des con-noiffances très-utiles ; mais ce goût n'y durera qu'un temps, & jufqu'à ce qu'un nouveau goût lui fuccède.

Il pourra fe former dans les villes des compagnies qui entreprendront de grands défrichemens, dans l'efpoir d'y gagner autant que fur un traité de finance.

Mais dans les provinces, comme celle-ci, où la culture ne languit que par le manque ou l'obſtruction des débouchés, il ne ſe formera pas de pareilles entrepriſes.

On peut ajouter qu'un propriétaire, qui confieroit ſes fonds à de tels améliorateurs à titre de ferme, s'en trouveroit fort mal à la fin du bail. C'eſt du moins ce qui arrive aſſez ſouvent en Angleterre.

Les habitans de cette province ſont tous portés à l'agriculture. On y trouvera très-peu de défrichemens à faire ; mais on pourroit aug-

menter partout les productions des terreins cultivés.

Il en faudra donc venir à
leur r'ouvrir les anciens débouchés, à leur en procurer
de nouveaux, particulièrement pour les vins.

Il faudra du moins, si l'on
n'encourage pas l'exportation par des récompenfes
& des affranchiffemens de
droits, qu'on voulût bien
ôter tous les obftacles qui la
gênent, fous prétexte de privilèges obtenus par furprife,
ou dans le temps que le commerce étoit inconnu; vu que
ces privilèges font incompa-
tibles avec le commerce, qui
fe feroit aujourd'hui au grand

avantage de l'état , & qui
seul peut empêcher cette
province d'être entièrement
ruinée.

CHEMINS DE TRAVERSE.

LES pays de traverse, qui
ont tant contribué à la construction des grandes routes,
ne se trouveroient guère
plus avancés pour le trans-
port de leurs denrées, si les
chemins qui conduisent à ces
grandes routes , restoient
comme ils sont.

Mais comment faire ces
chemins sans qu'il en coûte
des sommes immenses , &
sans achever d'écraser le peu-

ple, contre l'intention du Gouvernement qui ne demande qu'à le soulager?

Faut-il construire de nouveaux chemins de traverse? Peut-on réparer les anciens?

A la première inspection, il paroît toujours plus simple de construire à neuf un chemin quelconque. Il sera plus beau, plus alligné, plus droit, & moins coûteux en apparence, parce qu'il se fera plus vîte, & semblera devoir durer davantage sans qu'on soit obligé d'y retoucher.

Mais, s'il convient que les grandes routes soient belles, régulières, spacieuses & construites avec une espèce de

magnificence qui réponde à
l'idée qu'ont les étrangers
d'un état riche & puiſſant,
ainſi que de la perfection où
les arts y ſont portés, il n'en
eſt pas de même des chemins
de traverſe, qui ſont moins
en vue, & dont le principal
mérite conſiſte dans la com-
modité, la ſolidité & l'éco-
nomie.

Il y a bien des inconvé-
niens à faire un chemin neuf.
On dégradera une métairie,
un vignoble, quelquefois un
petit champ d'un produit pré-
cieux & l'unique poſſeſſion
d'une famille.

Un particulier ſera épar-
gné, un autre ruiné. On pour-

roit citer tel pays où le chemin neuf a été conftruit dans
les meilleurs fonds & le fol
le plus inégal ; tandis qu'on
pouvoit le faire paffer dans
le fonds le plus inculte, le
plus uni, le plus folide, où
l'on ne trouve que de la pierre & du gravier, où même il
auroit été plus court de plufieurs milliers de toifes.

Il n'y a pas de pareils inconvéniens à craindre en ré-
parant les anciens chemins.
Si l'on eft obligé de les élargir, on ne fait que repren-
dre un terrein ufurpé fur eux.

Peut-être faudra-t-il plus
de temps. Mais j'efpère qu'on
voudra bien me permettre de

faire obferver que l'on gagne
en folidité, en durée & en
épargne, ce que l'on perd en
temps ; c'eft-à-dire, que plus
on mettra de temps à faire
ces réparations de la manière
dont je vais les propofer,
moins il en coûtera, moins
on fe détournera des travaux
de l'agriculture, & plus les
réparations feront folides &
durables.

Pour peu qu'on ait exami-
né ces chofes, on m'accor-
dera fans peine que ce font
les eaux qui gâtent les chemins : donc, fi l'on trou-
voit des moyens pour con-
duire & diriger les eaux,
les chemins feroient tou-

jours pratiquables.

Or ces moyens font plus aifés, plus fimples & moins difpendieux qu'on ne le croit communément ; & j'en ai fait moi-même l'épreuve.

Les eaux font plus ou moins de ravages dans les chemins, felon qu'ils ont plus ou moins de pente & qu'elles fe raffemblent en plus ou moins de volume. Je propoferai premièrement, comme le plus difficile, de raccommoder un chemin qui aura beaucoup de pente, & où il ne fera pas poffible de pratiquer de foffés d'un côté ni d'autre, attendu qu'il y aura fur la droite, par exem-

ple, un terrein élevé qu'on
rifqueroit de faire ébouler,
& fur la gauche un précipi-
ce ou un terrein fort efcarpé,
bornant ledit chemin de ce
côté-là.

On commencera, comme
on fait toujours, par adoucir
la pente, autant qu'il fera né-
ceffaire; enfuite, de diftance
en diftance, on formera des
encaiffemens de bons pavés.
Pour que la conftruction en
foit plus durable & plus pro-
pre à fa deftination, on fent
bien qu'il faut creufer jufqu'au terrein folide, comme
fi l'on vouloit affeoir les fon-
demens d'un mur, & n'y
épargner ni le temps ni les

matériaux, qui confiſtent en moilons, gravier, débris de pierre, dont on remplit les vuides, le tout bien aſſujetti à coups de hie & de marteau, afin que cela faſſe corps.

Ce maſſif de pavé doit être poſé obliquement, un peu creux du milieu, & un peu relevé par le bord inférieur.

A meſure que les eaux deſcendront le long du chemin, elles trouveront plus de facilité à s'écouler latéralement qu'à ſuivre leur cours direct : ainſi il ne ſe formera plus de ravines.

Pour éviter qu'à leur iſſue ſur la gauche, elles ne gâtent le bord eſcarpé du chemin,

qui pourroit s'ébouler en se
creusant par dessous, il seroit
bon de soutenir ce côté par
quelques quartiers de pierre,
& que celle de dessus fût
creusée en canal & débor-
dât un peu le chemin.

Il faudra aussi que le chemin aille un peu en pente
vers la gauche.

Mais où conduire ces eaux
en sortant du chemin?

Dans les fossés qui répon-
dront à chaque encaissement.
Ces fossés n'auront pas besoin d'être fort grands, parce qu'ils ne recevront qu'u-
ne petite portion de ces eaux
partagées entre tous ; & ils
les conduiront, ainsi parta-
geés,

gées , jufqu'au premier ruif-
feau ou à la rivière. Par ce
moyen , tout le terrein qui
fe trouve à la gauche fera
préfervé des ravines, & les
ruiffeaux ne fe déborderont
pas fi facilement.

Si le chemin en pente eft
creux, & que les bords foient
fort élevés des deux côtés,
on pourra pratiquer un bon
foffé au côté qui fera le plus
bas , fi l'on n'en peut pas faire deux.

Plus vous adoucirez la
pente , moins il faudra d'encaiffemens : ainfi le travail
qu'on fera pour adoucir la
pente , fe compenfera par
l'épargne des encaiffemens,

Partie IV. C

& le chemin en fera plus commode.

Venons maintenant aux chemins qui n'ont qu'une pente peu fenfible ; je ne dis pas qui n'en ont point du tout, car il n'y en a guère qui n'en aient une au moins, qui eft la pente générale de tous les terreins vers les rivières & vers les mers : je ne parle ici que des chemins de cette partie de la province. Partout où le fol eft prefque de niveau, comme dans les Landes, on fçait qu'il faut recourir à d'autres réparations plus coûteufes , telles que font les chauffées , les canaux , &c.

Mais, avant d'aller plus loin, il faut prévenir les objections & les difficultés.

Comment rendre ces chemins affez unis, affez larges? Comment adoucir ces grandes pentes ? Comment tirer la pierre, la tailler, la porter, fans qu'il en coûte des fommes immenfes, & fans détourner les hommes des travaux de la terre?

Réponfe. Je fuppofe qu'on ne travaillera à toutes ces réparations que dans ce qu'on appelle les faifons mortes, c'eft-à-dire après les vendanges & les femences, & avant la moiffon.

Il suffira que les chemins
en pente aient assez de lar-
geur pour deux voitures,
avec un parapet d'un côté
pour les gens à pied. Dans
le chemin pont nous avons
parlé en premier lieu, ce parapet sera sur la gauche; dans
le chemin creux dont nous
avons parlé ensuite, il sera
sur le bord du fossé.

On trouvera la pierre,
pour l'ordinaire, au sommet
ou sur le penchant des colli-
nes. On la tirera en hiver;
on peut la tailler & la pré-
parer dans le même temps,
& la descendre à mesure
qu'on en aura besoin; ce
qui ne fatiguera pas beau-

coup pour les charrois.

Avant la moisson , on adoucira la pente ; on formera le parapet, laissant des coupures de distance en distance pour l'écoulement latéral des eaux. Ces coupures feront aux endroits où les encaissemens doivent être faits ; en attendant , on y pratiquera des rigoles : de cette façon , le chemin pourra être praticable tout l'été.

En automne , dans la seconde saison morte , on fera les encaissemens : ainsi tout l'ouvrage pourra être fini dans les deux saisons , & dans l'hiver ; & cela ne

dérobera rien aux travaux
de l'agriculture.

Les chemins en plaine
doivent être beaucoup plus
larges. Il faudra de bons foffés de chaque côté, avec un
fentier commode pour les
gens à pied, auffi de chaque
côté.

Le milieu du chemin doit
être relevé, afin que les eaux
s'écoulent plus facilement
dans les foffés; & cette éléva-
tion doit être foigneufement
entretenue. Les chemins ne
fe gâtent que parce qu'ils fe
creufent dans le milieu.

J'ai dit qu'on pouvoit élargir ces chemins, en leur ren-
dant ce que les aboutiffans

ont ufurpé. Quand on pren-
droit un peu plus de terrein,
on feroit moins de mal que
fi l'on coupoit les poffeffions
par des chemins neufs.

Dans les chemins qui cou-
pent tranfverfalement une
colline, comme dans plu-
fieurs chemins creux qui def-
cendent, on n'aura befoin
que d'un foffé, à caufe qu'il
y aura prefque toujours une
double pente.

On pourra creufer ces foffés dans la première faifon
morte, avant l'hiver; mais,
fi l'on doit élargir les chemins, il faudra le faire avant
l'été.

Suppofons qu'on ait fait
C iv

les élargissemens & alligne-
mens nécessaires avant l'été ;
voici ce qu'il faut observer
en faisant les fossés avant l'hiver.

On creusera des fossés larges & profonds ; on mettra
la terre sur le bord du fossé,
en dedans du chemin ; on en
formera un parapet de chaque côté , laissant des coupures pour l'écoulement des
eaux du chemin dans le fossé.

A la sortie de l'hiver , si
le temps le permet, ou un peu
avant la moisson , on répan-
dra cette terre sur le chemin,
on en comblera les inégali-
tés , & l'excédent sera porté
au milieu pour l'élever.

L'été venant là-dessus, cette terre se raffermira. L'automne suivant, après les vendanges & les semences, on retirera la terre des fossés ; on les creusera davantage, s'il le faut ; on la laissera sur le bord, comme la première fois ; & on attendra à l'été pour la répandre de nouveau.

Par ces travaux continués pendant quelques années, les chemins se trouveront dans l'état où ils doivent être ; & les aboutissans auront trop d'intérêt à les entretenir pour ne pas y veiller, puisque cela n'interrompt aucun autre travail, & qu'on ne passe

C v

point dans leur champ.

Les chemins où il n'y aura qu'un foſſé peuvent être gâtés par des ſources paſſagères, qui viennent après de longues pluies du terrein élevé où il n'y a point de foſſé pour les recevoir.

En ce cas, pour ne pas faire inutilement un foſſé d'un bout à l'autre, ce que nous avons ſuppoſé peu praticable, on ſe contentera d'en faire un partout où ces ſources paſſagères pourroient croupir; & on les conduira, au moyen d'un pavé ou caſſis, dans le foſſé, ou bien juſqu'au premier encaiſſement, dans les chemins où l'on est obligé d'en faire.

A l'égard des sources vives, des ruisseaux, suivant le plus ou moins d'abondance, on fait des cassis ou des ponts. Sur quoi j'observerai que les cassis sont toujours plus solides, plus durables & beaucoup moins coûteux que les ponts & les aquéducs.

Pour faire toutes ces réparations dans le moins de temps possible, avec la plus grande perfection & le plus de soulagement pour le peuple, il faudroit y employer les troupes, à l'exemple des Romains, dont la discipline étoit admirable en ce point, comme en tout.

Un exemple d'une fi gran=
de autorité n'a pas fait affez
d'impreffion fur nos militai-
res, s'il eft vrai, comme on
le prétend, qu'ils ne goûtent
pas ce projet. Peut-être auffi
qu'un examen plus appro-
fondi par les officiers qui voudroient en prendre la peine,
feroit capable de leur faire
defirer qu'il eût lieu pour l'a-
vantage même des troupes.

Un autre projet, qui pourroit avoir plus d'une utilité,
feroit d'employer les mendians valides aux réparations
qui fe feroient autour des villes, bourgs & villages. Ce
fera le fujet d'un fecond Mémoire.

EMPLOI DES PAUVRES.

JE ne connois pas de pays où il y ait autant d'établissemens pour prévenir la mendicité , & autant de mendians, qu'en Angleterre.

Un comité de la Chambre des Communes proposa de supprimer les hôpitaux de paroisse, qui rendent les pauvres inutiles à la société.

En effet, à la réserve de quelques lits pour les malades étrangers & sans domicile, les fonds seroient mieux employés à secourir les malades chez eux : leurs famil-

les en profiteroient, & il en
coûteroit moins. Une grande
partie de ces fonds publics
se dissipe en frais d'administration.

Mais ce n'est pas ce que le
comité avoit en vue. Il vouloit, au moyen de ces fonds,
qui sont très-considérables,
établir des hôpitaux-géné-
raux dans les provinces &
districts où il y a des terres
incultes ; & partager ces terres aux pauvres, afin qu'ils
les cultivassent pour l'entretien desdits hôpitaux. Il vouloit encore établir aux mêmes endroits des manufactu-
res, où l'on fît travailler ceux
qui le peuvent, pour la sub-

sistance de ceux à qui l'âge,
les infirmités & les maladies
ne le permettent pas.

Je crois que c'est une double charité que de faire travailler les pauvres ; c'est faire plusieurs biens à la fois.

Mais je ne vois pas qu'il
soit nécessaire d'enfermer ces
gens pour les faire travailler ;
& je ne conçois pas cette
idée, à moins de regarder le
travail comme une punition,
ce qui ne sert pas à l'encourager.

La construction des bâti-
mens, leur entretien, la créa-
tion des charges d'adminiftration, les comptes de dé-
pense & de recette, &c., em-

pêchent de procurer du travail à ceux qui n'en ont pas.
Il falloit donner aux uns de
l'occupation ou des fecours
chez eux, aux autres des réparations à faire au dehors,
afin de ne pas détourner des
travaux de la campagne.

Les mendians de profeffion
trouvent toujours à fe loger
par tout où ils s'arrêtent.

Ceux qui, par des acci-
dens, font réduits pendant
quelque temps à cet état, &
qui ne font que paffer, foit
pour fe rendre chez eux, foit
dans les lieux où ils croient
avoir de l'occupation, doivent être fecourus gratuite-
ment ; mais, afin de n'ê-

tre pas trompé , il faudroit
leur donner des cartouches,
comme aux foldats.

C'eſt-à-dire que , ſi un ou-
vrier , par exemple , ne trouvant plus de travail dans une
ville , veut aller dans une autre , il pourra ſe préſenter
aux magiſtrats de police qui
lui délivreront une route ,
laquelle il fera obligé de faire viſer dans toutes les villes
où il couchera ; & on lui don-
nera dix ou douze fols , pris
fur les revenus municipaux
ou fur quelque autre fonds ,
quand il y faudroit employer
une partie de ceux de l'hô-
pital. Cette charité n'iroit
jamais à cent livres par an-

née dans les villes les plus
exposées à ces passages.

Les mendians valides, qui
ne produiroient pas leurs cartouches, seroient arrêtés &
contraints de travailler aux
réparations des chemins &
avenues des villes.

Dans les endroits où il n'y
auroit aucune espèce de fonds
publics, & même dans les
endroits où il seroit à propos
d'augmenter ces fonds, je
proposerois d'établir une
bourse commune, & que
chacun y mît librement &
volontairement la valeur de
ce qu'il peut distribuer à sa
porte, ou tous les ans, ou
tous les six mois, ou tous les

mois, fuivant ce qui feroit
jugé le plus facile & le moins
fufceptible d'inconvéniens :
au moyen de quoi, ces diftri-
butions abufives, qui entre-
tiennent la mendicité, refte-
roient fupprimées; &, quand
il viendroit devant les por-
tes des pauvres en état de
travailler, on les renvoieroit
aux atteliers établis principalement au tour des villes,
bourgs & villages.

Un fyndic, un conful, un
des habitans, préfideroient
tour-à-tour aux atteliers,
pour conduire les travaux.

Le fyndic feroit obligé de
s'y tenir, & de faire diftri-
buer le pain & la buvande

au dîné des travailleurs : le
soir, il leur donneroit deux
fols à chacun, & davantage,
s'il y avoit affez de fonds. Il
ne feroit peut-être pas mal
de donner un fol de plus à
ceux qui travailleroient
mieux que les autres.

Il faudroit que les habi-
tans, une fois convenus de
ce règlement, fe choififfent
un tréforier ou dépofitaire
de la bourfe commune ; que
ce tréforier fût changé tous
les ans ; & que le fyndic lui
rendît compte.

On fourniroit des pelles,
des bêches, des brouettes,
&c., à ceux qui n'en auroient
pas.

Cette dépenfe, peu con-
fidérable, & toujours pro-
portionnée à la modicité des
facultés & à la petiteffe des
villes, bourgs & villages,
feroit, dans peu de temps,
compenfée par l'augmenta-
tion de leurs foires & marchés, & de tout leur com-
merce ; par une agréable pro-
preté, qui rendroit l'air plus
fain & les maladies populai-
res moins communes &
moins dangereufes ; enfin par
l'avantage ineftimable d'a-
voir leurs pauvres nourris &
entretenus, quelque difette
qui pût arriver. Car ce n'eft
pas feulement les étrangers
& coureurs qu'on a en vue ;

on feroit travailler les pauvres du lieu dans les saisons
mortes, où ils sont obligés
de mendier.

Du surplus des deniers,
on feroit des bouillons pour
les malades, on soulageroit
les invalides, on fourniroit
des drogues pour les remè-
des, on distribueroit de la fi-
lasse aux femmes, on feroit
dévider les vieillards, les
petits enfans, &c. Au moyen
de ces occupations, on les
retiendroit chez eux.

Toute l'administration feroit gratuite. Non seulement
le trésorier, mais le méde-
cin, chirurgien, apothicaire,
syndic, ne pourroit servir

qu'un temps, & perfonne ne feroit exempt d'en remplir les fonctions à fon tour.

Je ne vois pas pourquoi la charité des particuliers & les foins de la police ne fe prê-teroient point à des vues fi utiles.

Quel moyen plus sûr de prévenir la dépopulation?

Qu'on daigne confidérer l'extrême différence qu'il y a, du côté des fecours, entre les ouvriers qui travaillent dans une manufacture, & les ouvriers qui travaillent chez eux.

Le premier ne porte pas à fa famille le quart de l'argent qu'il gagne. Il en dépenfe une bonne partie , & ſouvent tout , au cabaret , au jeu , en habits , &c. En attendant , ſa famille ſe détruit par la miſère.

Le ſecond , au contraire , partage ſon gain & ſon travail avec ſa femme & ſes enfans.

Une continuelle occupation peut ſeule arrêter la mendicité ; abus que l'humanité ne peut ſe défendre d'entretenir , & qui en eſt l'opprobre.

CAUSES

C A U S E S

DE LA DÉCADENCE DU COM-MERCE DES VINS. ÉPOQUE DE LA RUINE ENTIERE DE CE COMMERCE.

Puisque nous reconnoif-fons enfin que notre agricul-ture mérite du moins autant d'égards que nos manufac-tures & notre commerce, pourquoi refuferions - nous encore de prodiguer à cette importante partie les encou-ragemens qui doivent être communs à tout ce qui n'é-pargne ni foins, ni veilles,

Partie IV. D

ni fueurs, ni dépenfes, pour augmenter la gloire, la puif-fance & la richeffe de l'é-tat?

Quels font les encourage-mens les plus certains, les plus infaillibles? ceux dont l'omiffion, due aux malheurs des temps, a ôté le courage avec les facultés; ceux dont les Anglois fe fervent avec tant d'avantage contre nous-mêmes.

Le premier de tous, le plus indifpenfable, & fans lequel une nation, quelle qu'elle foit, doit renoncer à fes cultures, à fon com-merce & à fa main-d'œuvre, eft évidemment l'affranchif-

fement des droits, tant fur
la fortie de fes exportations,
que fur l'entrée de ces matières étrangères dont fes
fabriques ne peuvent fe paffer.

Les Anglois portent plus
loin leur ambitieufe écono-
mie. Ils accordent à l'expor-
teur certaines gratifications
qu'ils appellent *primes*, fi
l'affranchiffement des droits
ne diminue point affez le prix
de leurs exportations dans la
concurrence avec l'étranger,
dont ils affoibliffent en même temps le commerce.

On fçait jufqu'où ils éten-
dent ce bénéfice à l'égard de
leurs grains ; combien, par

ce moyen trop fûr , ils ont
augmenté & perfectionné
chez eux la culture de cette
denrée ; quel tort ils ont fait
à la culture étrangère & principalement à la nôtre ; enfin,
avec quelle ufure nous avons
remboursé, de notre difette,
leurs libéralités politiques.

　Mais ils ne les bornent pas
à la feule exportation des
bleds qu'ils recueillent. Ils
accordent des gratifications
pour exporter le bœuf, le
cochon, le hareng qu'ils fa-
lent , le charbon & les autres matières que leurs mines
fourniffent , les eaux-de-
vie qu'ils diftillent de leurs
grains , le fucre de leurs ra-

fineries, la poudre à canon de leurs moulins, les ouvrages de leur horlogerie, de leurs forges ; en un mot, tout ce qu'ils vendent au dehors, jusqu'à leurs rubans. Ils ne négligent le débit d'aucune production de la Grande-Bretagne, de l'Irlande, des colonies qu'ils possèdent en Asie, en Afrique & en Amérique. C'est ainsi que le commerce les enrichit & les rend formidables dans les quatre parties du monde.

Que feroient-ils donc, s'ils pouvoient supprimer ce qui leur reste de privilèges exclusifs & de monopoles ? Il est certain que leur com-

merce , rendu entièrement
libre, tripleroit encore leurs
forces & abſorberoit le commerce des Hollandois. Heu-
reuſement pour ceux-ci, le
crédit de la compagnie An-
gloiſe prévaudra longtemps.
Le monopole, une fois établi, jouit du courroux duciel,
& ſe ſoutient par les pré-
judices mêmes qu'il cauſe ,
ſon crédit étant toujours pro-
portionné au mal qu'il fait.

On ne peut nier que ce ne
ſoit la claſſe des cultivateurs
qui ſouffre le plus des droits,
des monopoles & des privilèges. Comment, dans ſon
éloignement & dans ſon obſ-
curité, ſes plaintes parvien-

droient-elles au Monarque adoré, qui veut être le père de tous ſes ſujets ?

D'ailleurs, qu'on impoſe les droits ſur la denrée, ſur celui qui l'achète, qui l'exploite, qui la fabrique, qui la voiture, qui l'exporte, qui la débite ; ſur l'induſtrie, ſur la perſonne, ſur les feux, ſur la terre, ſur les actes, &c. ; c'eſt toujours impoſer ces droits ſur la bêche & ſur la charrue, parce que la terre eſt la première ſource des revenus de l'état, &, par conſéquent, des impoſitions.

Un marchand quitte ſon commerce, un artiſan ſon métier : tous deux ont pu

prévoir & prévenir leur ruine totale. Mais le malheu-
reux colon continue de travailler ſon champ , & ſe
trouve ruiné ſans reſſource,
avant qu'il ait pu ſe réſou-
dre à l'abandonner.

Quelle eſt , entre tant de
cauſes connues & qui tou-
tes ont , depuis longtemps,
concouru à ce fatal effet, la
cauſe la plus immédiate , la
plus prochaine , du dépériſ-
ſement de l'Eſpagne , ſuivant
les auteurs Eſpagnols les plus
eſtimés ?

N'eſt-ce pas cette énor-
me multiplicité de droits ,
toujours ſubſiſtans , toujours
durement ou arbitrairement

exigés ? droits d'*Alcavala* ,
de *Milliones* , de *Cientos*, &c.;
droits d'entrée , de fortie , de
tranfport, de confommation,
&c. ; octrois , privilèges de
villes, de corps, &c. &c.&c.

Si l'Efpagne fait encore
quelque commerce , ou plutôt quelque monopole , ne
le doit - elle pas à l'intérêt
même qu'ont les exacteurs
& leurs commis , à fe relâcher de la rigueur de la loi
en faveur de leurs parens ,
de leurs amis, de leurs abon-
nés ?

Mais , fi l'Efpagne peut
parvenir à convertir tous ces
droits en une feule taxe ,
comme on dit que le projet

D v

en eſt formé , & peut-être
ſelon l'idée qu'avoit eue le
comte de Boulainvilliers, de
réduire tout l'impôt à une
capitation ; ſi cette taxe unique eſt modérée dans ſon
taux, ſimple dans ſa perception , & qu'on trouve le
moyen de ne pas la rendre
arbitraire ; il n'y a aucun lieu
de douter que l'agriculture ,
les arts & le commerce ne
ſe rétabliſſent en Eſpagne,
& ne s'affoibliſſent dans les
pays qui profitoient de ſon
inattention.

Faut-il maintenant cher-
cher d'autres cauſes de la dé-
cadence du commerce des
vins ? Ce ſont toujours, &

partout , les mêmes ; les droits, & les privilèges.

DROITS.

Nous avons laissé, par dé-grés , accumuler les droits les plus forts , & dans ce royaume & chez l'étranger , sur la plus précieuse de nos denrées, dont nous aurions dû favoriser de tout notre pouvoir la consommation intérieure & extérieure : car, bien que nous ne puissions pas faire la loi chez les au-tres peuples , nous aurions pu facilement , en usant de justes représailles & en met-tant des droits , à notre tour, sur les marchandises qu'ils nous portent, leur ôter l'envie d'écraser de droits, celles que nous leur fournissons.

Le malheur est encore que ces droits excessifs, ainsi qu'on l'a fait observer dans d'autres mémoires, se perçoivent partout également sur toutes les espèces de vins, sans avoir égard à la différence des prix & des mesures.

Un tonneau de vin de haut, par exemple, qui coûte de vingt à trente écus, paye autant de droits qu'un tonneau de vin de Médoc qu'on achète jusqu'à 1500 & 2000 livres, & qui contient un cinquième de plus.

On a donné un état détail-

lé de ces droits, tant de ceux
qui fe payent à Bordeaux,
qu'en Bretagne & en Hol-
lande. Il fuffira, par rapport
au commerce que nous fai-
fons avec les Hollandois,
le feul qui nous reftoit, de
dire ici que, felon l'eftime
commune, ces droits & les
frais de cargaifon vont à dix
livres de gros par tonneau;
ce qui fait plus de cent vingt
livres tournois : en quoi l'on
ne comprend ni les barri-
ques, ni les frais de culture, ni les autres charges des
biens, ni les coulages & ava-
ries extraordinaires, ni le
droit que l'état exige du con-
fommateur & du détaillifte :

nous parlerons tout-à-l'heure de ce droit exorbitant. Nous joignons à ce nouveau mémoire, pour servir de pièce justificative (& combien n'en pourrions - nous pas ajouter de pareilles ?) l'original d'un compte de Hollande, où il ne s'agit précisément que de la vente d'un tonneau de vin d'un assez bon crû de ce pays. ⋆ On y verra que ce vin a été vendu à Rotterdam, où les frais font les moindres, dix livres de gros ; & que, les frais déduits, le propriétaire doit de reste dix-neuf fols, que le commissionnaire lui quitte, ainsi que sa commission.

Voy. ce compte, p. 109.

PRIVILÉGES.

On a auſſi traité fort au long, dans des mémoires imprimés & manuſcrits, du privilège de Bordeaux. On a dit que cet abus ruineroit le commerce, & cela eſt arrivé. On dira ici que cette ville, non contente de gêner & de limiter autant qu'elle peut l'exportation, a mis récemment des droits à ſon profit ſur cette exportation, & qu'elle les augmentera au point qu'elle achèvera de la détruire ; & cela arrivera infailliblement.

On a montré comment le privilège de Bordeaux avoit

été furpris dans un temps où
le commerce exiftoit à peine ; combien il eft contraire
au droit commun & à la nature même des privilèges ,
qui ne font jamais accordés
que pour un temps & fans
préjudice du droit d'autrui ;
claufe de nullité , dès qu'on
réclame contre , & qui en li-
mite néceffairement la durée.

On ajoutera ici que favo-
rifer la culture & l'exportation dans un canton préféré ,
c'eft les détruire à la fin par
tout & rendre le privilège
même inutile.

La fénéchauffée de Bor-
deaux & tout ce qui parti-
cipe à fon privilège ont ac-

cru leurs vignobles à l'excès.

De-là ces immenses car-
gaisons qui arrivent à la fois
dans deux ou trois ports de
la Hollande. Il n'y a pas assez
de bateaux pour décharger
les vins, ni assez de magasins
pour les loger. Les loyers
enchérissent, le coulage aug-
mente, la cargaison se con-
sume en frais extraordinaires; le commissionnaire Hollandois, déjà dans de grandes avances dont il ne reçoit
point d'intérêt, se presse de
vendre au bassin; les courtiers lui font la loi; il est
obligé de payer quelquefois
deux courtages pour une
seule vente, quand même la

vente n'auroit pas lieu.

Ces courtiers Hollandois, en qualité de gens privilé-giés, méritent bien d'être mis au nombre des caufes qui ont le plus contribué à détruire ce commerce.

» Une grande partie du » déclin du commerce des » Hollandois , dit l'auteur des Recherches fur les fi-nances , » peut être attri- » buée à l'infidélité de leurs » courtiers, gens, pour la » plupart, anciens domefti- » ques ou protégés des ma- » giftrats. Ils ont affervi le » commerce à des monopo- » les fi odieux , que per- » fonne n'envoie plus ven-

» dre ſes denrées en Hol-
» lande, que dans le cas où
» elles n'ont aucun débou-
» ché, ou ſeulement à la fa-
» veur des avances des deux
» tiers que les négocians de
» Hollande ont coutume de
» faire ſur les marchandiſes
» qu'ils ſont chargés de ven-
» dre par commiſſion. On
» n'oſe ſe plaindre , parce
» que les courtiers ſont les
» maîtres de la fortune & du
» crédit des commerçans.
» Ce vice intérieur dans le
» commerce de la Hollande
» la conduit infailliblement
» à ſa chûte, depuis une quin-
» zaine d'années (*) «.

(*) *Recherches ſur les finances* , &c. 1758 ,
tome II, pages 71 & 72.

En effet , c'est à peu près le temps où nos commission‑ naires Hollandois commen‑ cèrent à nous avertir du dé‑ clin de ce commerce. » Le » débit de nos marchands de » vin , nous disoient-ils dès » l'année 1747 , diminue » tous les ans. Bien des gens » se passent de vin par éco‑ » nomie ou par nécessité. » Joignez-y la grande cher‑ » té des bateaux , l'empres‑ » sement de vendre pour en » éviter les frais, & pour se » servir des mêmes bateaux » à décharger les autres na‑ » vires «.

Cependant , quoiqu'une seule des causes que nous

venons d'expofer fuffife pour ruiner toutes fortes de com- merces, celui-ci auroit pu fe foutenir encore quelque temps fans la fatale révolu- tion arrivée en Hollande trois ou quatre ans après ; révolution qui fit tomber tout-à-coup le prix des vins de dix livres de gros par ton- neau. Nous en avons parlé dans nos mémoires. Voici de nouveaux éclaircissemens là-deffus, qui nous ont été communiqués par un des plus grands négocians de ce pays-là.

Époque de la ruine entière du commerce des vins en Hollande.

Au commencement de ce ſiècle, on levoit en Hollande l'impôt ſur les vins par des fermiers , qui percevoient les droits ſuivant la rigueur des édits. On s'apperçut du déſavantage que l'état & le commerce en reſſentoient.

En 1716 , on alloua cette ferme au corps des marchands eux-mêmes , ſous le nom d'*admodiateurs*. Les directeurs , chargés de la régie , s'engagèrent envers le ſouverain à une ſomme bien

plus considérable que celle
que donnoient précédem-
ment les fermiers. L'état &
le commerce s'en trouvèrent
également bien.

Les admodiateurs com-
prirent qu'un des plus sûrs
moyens d'encourager la consommation & d'empêcher la
fraude, en laissant subsister la
peine imposée aux fraudeurs,
étoit de se relâcher de la rigueur de la loi. Ils n'exigè-
rent plus que la moitié des
droits de consommation : ils
entrèrent en composition
avec les détaillistes, les au-
bergistes & les cabaretiers,
à qui ils firent payer à pro-
portion de leur débit.

Je ne rapporterai point
l'abus que ces directeurs, &
ceux qui les remplacèrent,
firent de leurs charges. Il auroit été furprenant qu'ils
n'euſſent jamais fongé à faire leur profit particulier aux
dépens de leur compagnie.
Quoi qu'il en foit, c'eſt ce
qui donna lieu à rétablir la
ferme & à exiger le ferment
dans les déclarations ; ferment que le même négociant
qualifie d'affreux. Ce qu'il
ajoute eſt encore très-fenſé
& très-énergique.

» Ce fut avec bien de la
» peine, dit-il, qu'on y fou-
» mit un corps de négocians
» qui en fentoit toute la con-
　　　　　　　　» féquence.

» féquence. Les honnêtes
» gens en frémirent ; & , en
» obéiffant à la loi, ils da-
» tèrent de ce jour l'époque
» de leur ruine. Quelques-
» uns , moins fcrupuleux ,
» qui crioient avec les autres
» à la dureté , virent dès ce
» moment leur fortune prê-
» te à s'élever aux dépens
» de leur confcience & de
» leurs confrères. Depuis ce
» fatal moment, ce commer-
» ce fouffre , languit, dépé-
» rit journellement, & fem-
» ble maudit de Dieu & des
» hommes «.

On mit l'impôt à trente-
un florins par barrique , à
peu près ; c'eft cent vingt-

quatre florins par tonneau,
qui font plus de vingt livres
de gros ou plus de deux cent
cinquante livres tournois.
Et, ce qui eft très-remarqua-
ble, c'eft la diminution du
prix courant des vins, après
cette époque, précifément
de la moitié de cette fomme
ou de dix livres de gros par
tonneau, ainfi que nous l'a-
vons obfervé ; comme fi le
détaillifte & le confomma-
teur avoient voulu s'indem-
nifer par-là de ce qu'ils ne
pouvoient plus traiter avec
les fermiers pour la moitié
de l'impôt, ou plutôt parce
que les droits diminuent toujours le prix de la marchan-

dife au préjudice du premier
vendeur. Ce changement ar-
riva avec le premier janvier
1750. Il eft inutile d'examiner ce qu'on payoit aupara-
vant, puifqu'on s'abonnoit
avec les admodiateurs : il fuffira de rapporter, année par
année, ce qui eft arrivé après
ce règlement.

Le négociant, à qui je dois
ces mémoires, écrit en ces
termes, l'année fuivante,
1751 :

» Cela va mal, en général,
» pour la vente des vins. Le
» ferment qu'exige le fouve-
» rain de la part de nos mar-
» chands, les inquiéte, & les
» met de fi mauvaife humeur,

» que la plupart fufpendent
» tout achat de vins jufqu'à
» ce qu'ils voient l'effet de
» leurs remontrances «.

On fera peut-être bien-
aife d'avoir ici le précis de
ces remontrances, qu'on ne
trouve point ailleurs & qui
méritent certainement de
voir le jour.

Ces négocians éclairés,
ayant très-folidement montré
que, *plus l'impôt eft fort, plus*
les fraudes deviennent fréquen-
tes, plus la confommation di-
minue, continuent ainfi :

» Tel qui prenoit pour fa
» confommation une barri-
» que de vin fe contente d'un
» quart, ou n'en fait plus d'u-

» sage. Si les admodiateurs,
» en adouciffant la rigueur
» du placard, ont été en état
» de rapporter au pays une
» fomme infiniment plus con-
» fidérable que les fermiers
» qui l'exigeoient aupara-
» vant à la rigueur, il fuit
» que la confommation avoit
» augmenté en raifon de la
» diminution des droits, de-
» puis 1716 jufqu'en 1745.
» Une conduite oppofée au-
» ra des effets contraires «.

Voici ce qu'ils ajoûtent :
» La Hollande ne peut fub-
» fifter fans le commerce :
» or le commerce a pour fon-
» dement l'avantage relatif
» de chaque nation. Plus on

» accorde, plus on doit es-
» pérer.

» Si par les forts impôts,
» ou de quelque autre ma-
» nière, la consommation
» que nous procurions aux
» étrangers, diminue à tel
» point qu'ils n'aient que peu
» ou point d'intérêt de cul-
» tiver leur commerce avec
» nous, ils accorderont, par
» préférence, à d'autres peu-
» ples les mêmes avantages
» dont nous pourrions tou-
» jours jouir.

» Que deviendra notre na-
» vigation ? Dantzig, Ko-
» nigsberg, Lubeck, Ham-
» bourg, Brêmes, ont mis
» en mer, dans un an, plus

» de cinquante navires mar-
» chands tout neufs , qui ,
» outre ceux qu'ils avoient
» déjà , vont , au préjudice
» des nôtres , dans tous les
» ports de France , &c , cher-
» cher les marchandises que
» nous avions , pour la plu-
» part , accoutumé de char-
» ger «.

Ces remontrances furent
inutiles. Le ferment passa ,
comme nous l'avons dit ailleurs.

La disette générale suspen-
dit un peu l'effet de cette loi
en 1752. Quelques vins de
réputation se vendirent , non
toutesfois comme ils au-
roient fait ; & les vins mé-

diocres n'eurent prefque pas de débit.

En 1753, les crus les plus diftingués tombèrent à 18 livres de gros, les autres à 16 & à 15. Or, eû égard à la qualité & à la quantité, il eft à préfumer que les prix auroient été de 28 à 26 & à 25.

On auroit pu dèslors ouvrir les yeux fur la vraie caufe de cette chûte ; mais on aima mieux l'attribuer au hafard & au caprice ; caufes dont fe contente d'ordinaire l'ignorance & le préjugé. On efpéra fe refaire, parce qu'il eft plus aifé d'efpérer que de prévoir.

Ce ne fut qu'en 1754 qu'on reconnut enfin qu'il ne falloit plus se flatter. Les vins étoient d'une bonne qualité ; ils s'étoient assez bien vendus dans le pays. Mais, attendu l'abondance, d'un côté, &, de l'autre, le coup mortel porté à la consommation, les prix tombèrent généralement & sans exception pour tous les crus; pour les premiers, à 12, 11, 10 livres de gros, &, pour les autres, à 8, c'est-à-dire à peu près de 10 livres de gros par tonneau ; parce que, dans les mêmes circonstances, avant cette révolution, les prix courans auroient été de vingt-deux à dix-huit.

Alors il y eut des commif-
fionnaires Hollandois qui ,
défefpérant de ce commer-
ce , prièrent leurs corref-
pondans de ne plus adreffer
de vins.

L'année fuivante , 1755 ,
la recolte fut médiocre , &
peu de particuliers osèrent
charger. Les prix auroient
été , avant l'époque dont
nous parlons , de 30 à 23
livres de gros ; ils furent de
20 à 13.

En 1756 , les fraix & les
droits abforbèrent entièrement le produit des ventes.

On peut croire qu'il n'y
eut qu'un très-petit nombre

de cargaifons les années d'a-
près, où l'on éprouva même
une difette affez générale.
Cela donna quelque faveur
aux vins ; mais cette faveur
ne pouvoit tarder à devenir
funefte : en effet , les prix de
cette année 1761 ont été ,
comme en 1754 , de 12 à
8 livres de gros.

La récolte, affez médiocre
en vins propres à la cargaifon , s'étant trouvée malheu-
reufement abondante en vins
d'autres efpèces , tout ce
qu'on a pu ramaffer du côté
de Bordeaux & de la Bour-
gogne a été chargé avec em-
preffement, chacun voulant
profiter du privilège du pays

& de la faveur des deux an=
nées précédentes. Tout eſt
arrivé à la fois en Hollande,
par le retard des vaiſſeaux :
on y a vu aborder en même
temps pluſieurs cargaiſons
de vins de Naples. Voilà
comme les privilèges empê-
chent le concours des vins.
Si le temps de ces cargaiſons
étoit libre, elles ſe feroient
comme toutes les autres ; on
les proportionneroit à la
demande, & perſonne ne
ſe preſſeroit : le marchand
étranger pourroit ſpéculer
de ſon côté ; ce qui ſeroit
infiniment plus avantageux.
On ſe donneroit bien garde
d'envoyer ou de faire venir

des vins d'Efpagne & d'Italie, fi la Hollande étoit toujours à même d'être pour-
vue, à point nommé & au
moment du befoin, de vins
de France, beaucoup plus à
portée, beaucoup meilleurs
& à meilleur marché.

COMPTE DE HOLLANDE*.

[*Ce compte fe rapporte à ce qui eft dit page 86.*]

Rotterdam, le 11 mai 1761.

Fraix de reception & livraifon d'un tonneau de vin blanc, marqué I R, reçu de
l'envoi de M. C. Clairac, fçavoir :

Prime d'affurance, à 2 ½ p. ͦ. 2 fl.
Fret & avarie . . . . 16 fl.
Droits d'entrée, &c. . . . 4 fl. 5 f.
_____
22 fl. 5 f.

* Il faut remarquer qu'il n'y a dans ce compte
ni fraix de baffin, ni louages de batteaux, comme il y en a toujours dans les comptes des ventes qui
fe font à Amfterdam.

De l'autre part . . . . . 22 fl. 5 f.

Traînage en magasin, & maga-
sinage . . . . 1 fl. 15

Autres débours, tant à la reception que livraison . . . 3 fl. 6

Fraix d'expédition de Bordeaux, 50 liv. 18 f. ou . . 23 fl. 3

Le tout se montant ensemble à . . 50 fl. 9 f.

Sur quoi déduit pour 3 $\frac{1}{3}$ barrique de vin blanc, vendu le 25
passé à Otto Haghter d'ici, à 10
livres de gros le tonneau, fait
50 fl.; déduit 1 p. $\frac{2}{3}$ 10 f.

Reste . . . . 49 fl. 10 f.

Revient pour solde . . . . 19 f.

lesquels 19 sols me reviendroient, non com-
pris la commission.

MONSIEUR

J'ai placé le tonneau vin blanc que vous
m'avez fait adresser. Il est fâcheux que les
fraix absorbent au-delà de ce que la vente se
monte . . . . . Comme il me reviendroit 19 f.
&, en outre, la commission, je me désiste
de ces deux articles . . . .

J'ai l'honneur d'être, &c.

J. M. G.

CONSEILS POLITIQUES ET ŒCONOMIQUES.

LES assemblées de communauté font trop ou trop peu nombreuses.

Les matières qu'on y traite ne font pas affez préparées.

Ce qui regarde l'intérêt public dans leurs délibérations roule fur l'agriculture ; le commerce des denrées & les arts qui font valoir les denrées, en facilitent les débouchés, la confommation & l'exportation.

Sans toucher au refte de l'adminiftration municipale,

on pourroit l'éclairer sur tous ces objets, en formant des conseils particuliers, composés des principaux agriculteurs, commerçans & artistes.

On appelleroit ces conseils, des sociétés, si on l'aimoit mieux, comme celles qui ont été instituées en Bretagne & ailleurs.

S'agiroit-il d'une réparation, de l'emploi des pauvres, d'un réglement de police qui a trait au commerce?

La question seroit proposée aux membres de la société, qui s'assembleroit pour la résoudre, & dont la délibération ne pourroit manquer d'être d'un grand poids dans la première affemblée de communauté.

Il faudroit que la fociété s'affemblât régulièrement une fois la femaine, quand même il n'y auroit point d'affaires, ou tous les quinze jours, ou, pour le moins, une fois le mois.

Que chaque affocié propofât tour-à-tour ce qu'il y auroit à faire, foit pour perfectionner quelque partie de la culture, quelque nourriffage, &c. foit pour prévenir le ravage des eaux, foit pour diminuer le nombre des mendians, en occupant ceux qui font en état de travailler, ſoit pour augmenter ou pour établir des métiers, des fabriques, &c. ſoit pour faciliter la tenue des foires, des marchés, rendre les avenues des lieux où on les tient, des lieux qui ſervent d'entrepôt aux denrées, des ports de rivières où elles ſe chargent, plus commodes & plus acceſſibles.

Il n'y auroit pas, ce ſemble, d'inconvénient à ordonner aux maires & conſuls d'aſſembler leur communauté, aux formes ordinaires, pour procéder à l'élection des membres qui ſeroient jugés capables de compoſer ces conſeils ou ſo-

ciétés : recommandant aux-
dits maires & confuls de
prendre l'avis defdits con-
féils ou fociétés , dans toutes
les affaires importantes ; du-
quel avis il feroit fait men-
tion dans les actes de délibération qui feroient paffés
à l'avenir.

L'élection étant faite, on
enverroit la lifte à M. l'In-
tendant, pour l'autorifer : lequel la renverroit avec fes
ordres & fes inftructions,
que tout le monde rece-
vroit avec un très - grand
plaifir & une très-grande ar-
deur de s'y conformer , vu
qu'il n'y a perfonne qui ne
fente dans chaque lieu l'uti-

lité d'un pareil établissement.

Pour entretenir & encou-
rager ce zèle, M. l'Inten-
dant pourroit prendre la
société sous sa protection.
Il pourroit établir des prix,
y consacrer quelques fonds,
qui ne sçauroient monter
à une somme fort consi-
dérable, quand même on y
ajouteroit quelque chose
pour les dépenses qu'exige-
roient certaines épreuves,
comme celle du nouveau sé-
moir, par exemple, & d'autres inventions nouvelle-
ment découvertes, dont l'u-
sage ne peut s'introduire par
le défaut de facultés.

MM. les Intendans ont

établi des confeils politiques en quelques endroits de cette généralité, notamment à Aiguillon, à la réquifition des principaux habitans : ils en vouloient établir un à Clairac. Celui qu'on propofe feroit encore plus utile par la réunion de tant d'objets intéreffans.

F I N.

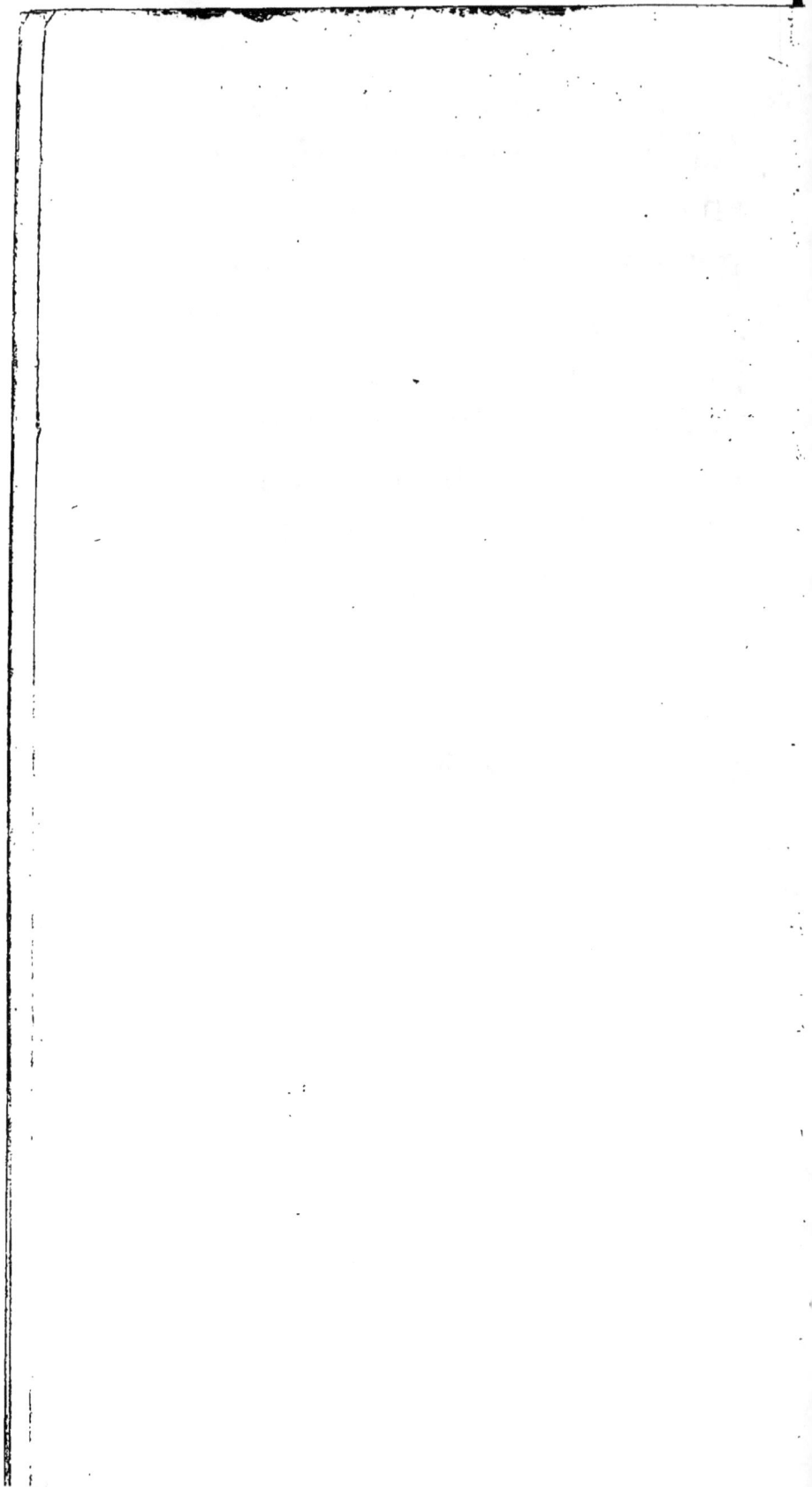

www.ingramcontent.com/pod-product-compliance
Lightning Source LLC
Chambersburg PA
CBHW071212200326
41519CB00018B/5482